Dépôts et retraits au guichet

© R.S., 2022

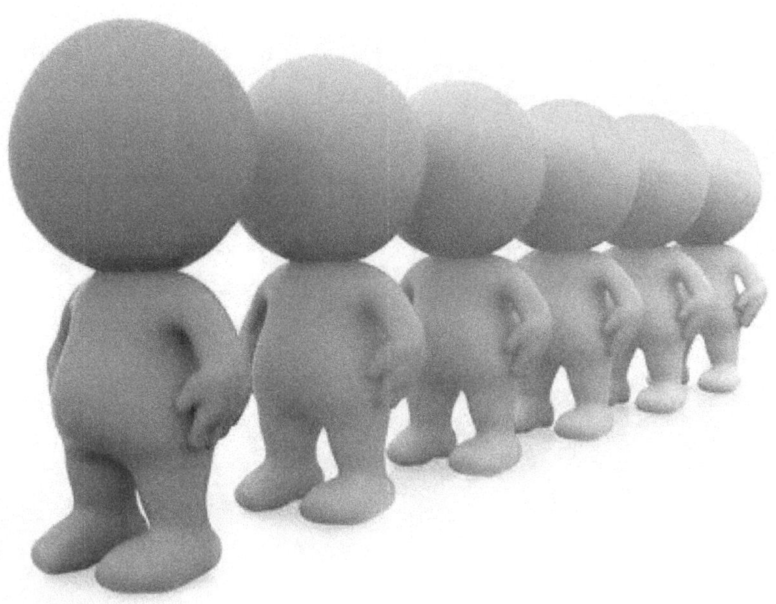

Table des matières

A Amélie et Victor.

R.S.
16/12/22

© 2022, RS, Paris, France.

ISBN : 9798370188947

1. Un guichet toujours disponible

En début de journée, il y a une queue de personnes devant le guichet de la banque pour retirer ou déposer de l'argent. Or, le guichet a un montant limité en banque. Les personnes qui attendent dans la queue pour déposer de l'argent vont enrichir la caisse du guichet et celles qui patientent pour retirer de l'argent vont l'appauvrir. Combien existe-t-il de façon d'ordonner la queue pour que le guichet puisse toujours satisfaire toutes les personnes dans la queue ?

2. Formulation

Nous devons tout d'abord fixer les données du problème. On a :

$$\begin{cases} n : nombre\ de\ personnes\ dans\ la\ queue\ (valeur\ connue\ et\ fixe) \\[1ex] 0 \leq r \leq n : nombre\ de\ personnes\ qui\ souhaitent\ retirer\ de\ l'argent \\[1ex] 0 \leq d \leq n : nombre\ de\ personnes\ qui\ souhaitent\ déposer\ de\ l'argent \\[1ex] r_i : somme\ que\ la\ i^{ième}\ personne\ souhaite\ retirer \\[1ex] d_i : somme\ que\ la\ i^{ième}\ personne\ souhaite\ déposer \\[1ex] s : somme\ que\ le\ guichet\ a\ en\ caisse\ en\ début\ de\ journée \end{cases}$$

Pour que tout le monde soit satisfait, une condition nécessaire mais pas suffisante est que :

$$s + \sum_{i=1}^{d} d_i - \sum_{i=1}^{r} r_i \geq 0$$

C'est-à-dire qu'il faut, à minima, que la somme en caisse ajoutée à la somme de tous les dépositaires soit supérieure ou égale à la somme de toutes les demandes de retraits. Mais l'ordre des retraits et des dépôts compte. Sinon le guichet peut se trouver en incapacité à fournir un retrait si trop de retraits ont été prélevés avant ou pas assez de dépositaires sont passés avant, ou encore si la somme au guichet en début de journée n'est pas suffisante. L'équation précédente de tient pas compte de cet ordre.

3. Approche simplifiée

Pour résoudre plus rapidement ce problème, on choisit de le simplifier dans un premier temps. On choisit alors :

$$\begin{cases} 1 \geq d \geq r \geq 0 : davantage\ ou\ autant\ de\ d\acute{e}positaires\ que\ de\ retraits \\[4pt] r_i = s_r : chaque\ retrait\ est\ identique \\[4pt] d_i = s_d : chaque\ d\acute{e}p\hat{o}t\ est\ identique \\[4pt] s_r = s_d : chaque\ retrait\ vaut\ un\ d\acute{e}p\hat{o}t \\[4pt] s = 0 : le\ guichet\ n'a\ pas\ d'argent\ en\ caisse\ en\ d\acute{e}but\ de\ journ\acute{e}e \end{cases}$$

La condition nécessaire mais pas suffisante précédente devient :

$$s + s_d d - s_r r \geq 0 \rightarrow s_d(d - r) \geq 0 \rightarrow d \geq r$$

Il faut autant ou davantage de personnes dépositaires que de personnes qui demandent un retrait.

Dans cette disposition, on voit bien qu'il suffit de ne jamais dépasser plus de retraits que de dépôts en commençant par un dépôt. Le nombre de façon d'ordonner la queue corresponds exactement à une diagonale d'un arbre binaire. Un arbre binaire commence par la première personne dans la queue qui soit fait un dépôt, soit fait un retrait. Puis pour la seconde personne dans la queue, on a de nouveau les deux mêmes choix.

On arrive à l'arbre suivant :

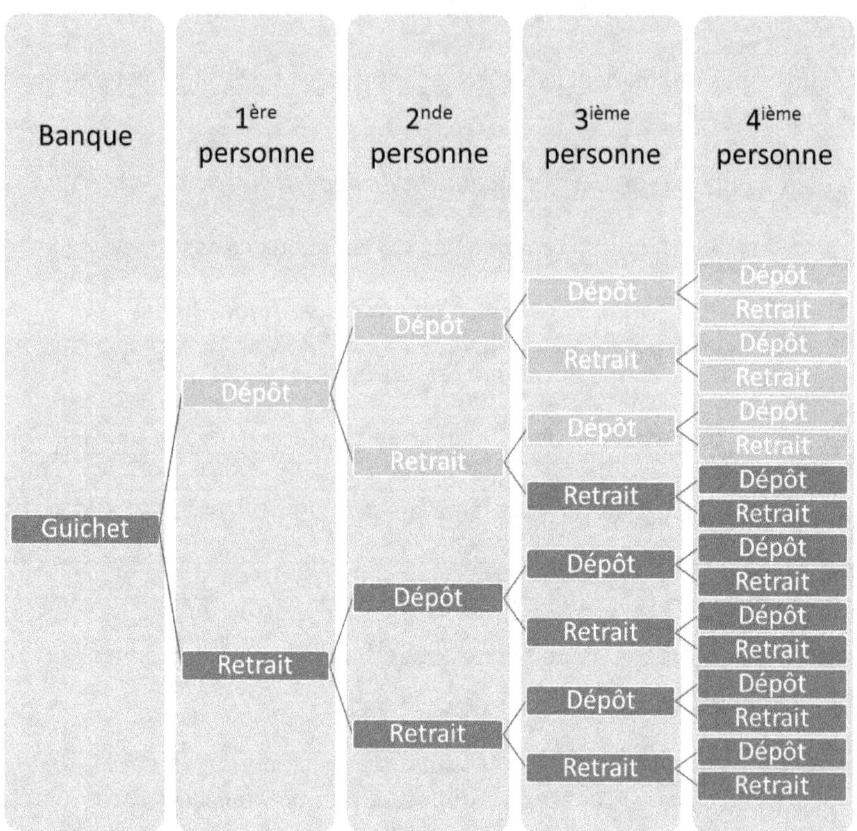

Les cas possibles sont :

- 1 ordre de la queue possible sur 2 pour 1 seule personne dans la queue ;
- 2 ordres de la queue possible sur 4 pour 2 personnes dans la queue ;
- 3 ordres de la queue possible sur 8 pour 3 personnes dans la queue ;
- 6 ordres de la queue possible sur 16 pour 4 personnes dans la queue ;
- 11 ordres de la queue possible sur 32 pour 5 personnes dans la queue ;
- …

On pose alors :

a_n : *nombre de combinaisons de queues possibles avec n personnes.*

En poursuivant l'arbre binaire précédent, on remarque très vite la suite suivante :

$$\begin{cases} a_1 = 1 \\ a_{2n} = 2a_{2n-1} \\ a_{2n+1} = 2a_{2n} - 1 \end{cases} \rightarrow a_n = \frac{2^{n+1} + 3 + (-1)^n}{6} > \frac{2^n}{3}$$

Dans cette approche simplifiée, on a facilement trouvé le nombre de combinaisons de queues possibles. Quand le nombre de personnes dans la queue est grand, on a 1/3 de toutes les combinaisons possibles qui sont solutions. On a, en particulier :

$$\begin{cases} n = 1 \rightarrow a_1 = 1 \\ n = 2 \rightarrow a_2 = 2 \\ n = 3 \rightarrow a_3 = 3 \\ n = 4 \rightarrow a_4 = 6 \\ n = 5 \rightarrow a_5 = 11 \\ n = 6 \rightarrow a_6 = 22 \\ n = 7 \rightarrow a_7 = 43 \\ n = 8 \rightarrow a_8 = 86 \\ n = 9 \rightarrow a_9 = 171 \\ n = 10 \rightarrow a_{10} = 342 \\ n = 11 \rightarrow a_{11} = 683 \\ n = 12 \rightarrow a_{12} = 1\,366 \\ n = 13 \rightarrow a_{13} = 2\,731 \\ n = 14 \rightarrow a_{14} = 5\,462 \\ n = 15 \rightarrow a_{15} = 10\,923 \end{cases}$$

4. Guichet alimenté : $s > 0$

Si le guichet en début de journée n'est pas vide, on a :

$$s > 0 : le\ guichet\ contient\ de\ l'argent\ en\ caisse\ en\ début\ de\ journée$$

La condition nécessaire mais pas suffisante précédente devient alors :

$$s + s_r(d - r) \geq 0 \rightarrow \frac{s}{s_r} + d \geq r$$

Il faut donc au plus autant de demandes de retraits que de dépositaires et d'argent en caisse par dépositaire (ou demande de retrait). Si bien qu'avec :

$$Si\ k = \begin{cases} \left\lfloor \dfrac{s}{s_r} \right\rfloor < 1 : même\ configuration\ que\ précédemment\ car\ pas\ assez\ en\ caisse \\ \left\lfloor \dfrac{s}{s_r} \right\rfloor \geq 1 : nombre\ de\ retraits\ supplémentaires\ possibles\ car\ ici\ s \geq s_r = s_d \end{cases}$$

Dans ce second cas, il suffit de décaler notre arbre du nombre de retraits possibles selon le montant en caisse en début de journée avec :

$$k : nombre\ de\ retraits\ (1\ retrait\ par\ pesonne)\ possibles\ en\ début\ de\ journée.$$

Cela correspond à doubler le nombre de combinaison pour chaque retrait supplémentaire possible. Soit :

$$a_n = 2^{\left\lfloor \frac{s}{s_r} \right\rfloor} \frac{2^{n+1} + 3 + (-1)^n}{6} > \frac{2^{n+\left\lfloor \frac{s}{s_r} \right\rfloor}}{3}$$

On avance ici peu à peu vers une solution générale avec $s > 0$. A noter que cette équation fonctionne également si $s = 0$. On a donc légèrement généralisé notre approche simplifiée précédente.

Par exemple, pour une caisse en début de journée avec 10 fois un retrait courant, on a 1024 fois plus de combinaisons de queue que dans le chapitre précédent avec une caisse vide au départ : $s = 10s_r \rightarrow a_n = 1024\left(\frac{2^{n+1}+3+(-1)^n}{6}\right)$.

5. Montant différent des dépôts et des retraits : $s_r \neq s_d$

Si chaque retrait (identique par personne en demande de retrait) est différent de chaque dépôt (identique par personne dépositaire), on a :

$$s_r \neq s_d : chaque\ retrait\ ne\ vaut\ pas\ un\ dépôt$$

La condition nécessaire mais pas suffisante précédente devient alors :

$$s + s_d d - s_r r \geq 0 \rightarrow \frac{s}{s_r} + \frac{s_d}{s_r} d \geq r$$

Il faut donc au plus, autant de demandes de retraits que de dépositaires par taux de dépositaires par demandes de retrait et d'argent en caisse par demandes de retrait. Si bien qu'avec :

$$\begin{cases} Si\ \left\lfloor\frac{s}{s_r}\right\rfloor < 1\ et \begin{cases} \left\lfloor\frac{s_d}{s_r}\right\rfloor = 1 : même\ configuration\ qu'initialement\ avec\ s = 0 \rightarrow (I) \\ \left\lfloor\frac{s_d}{s_r}\right\rfloor > 1 : solutions\ en\ 2^k\ toutes\ les\ \left\lfloor\frac{s_d}{s_r}\right\rfloor\ étapes \rightarrow (II) \end{cases} \\ \\ Si\ \left\lfloor\frac{s}{s_r}\right\rfloor \geq 1\ et \begin{cases} \left\lfloor\frac{s_d}{s_r}\right\rfloor = 1 : même\ configuration\ que\ précédemment\ avec\ s > 0 \rightarrow (III) \\ \left\lfloor\frac{s_d}{s_r}\right\rfloor > 1 : solutions\ comme\ (II)\ avec\ décalage\ initial \rightarrow (IV) \end{cases} \end{cases}$$

Le premier cas (I) a déjà été précédemment traité. Dans le second cas (II), il suffit de décaler notre arbre à la fréquence du taux de dépositaires par demandes de retrait. Le troisième cas (III) est équivalent au premier avec un guichet initialement alimenté. Et pour le quatrième cas (IV), on y ajoute au départ un décalage du nombre de retraits possibles selon le montant en caisse en début de journée. On a donc :

$$a_n = 2^{\left\lfloor\frac{s+s_d}{s_r}\right\rfloor} \frac{2^{n+1} + 3 + (-1)^n}{6} > \frac{2^{n+\left\lfloor\frac{s+s_d}{s_r}\right\rfloor}}{3}$$

On ne pourra pas ici aller plus loin, d'autant que cette équation est une version approchée de la réalité. En effet, le fait que les montants de retraits ne soient pas identiques d'un individu à l'autre et réciproquement pour les dépôts, cela invalide l'utilisation d'un arbre binaire. Nous n'avons plus deux choix possibles (retrait ou dépôt de même valeur d'une personne dans la queue) mais une infinité.

Il faut donc pondérer chacune des branches de l'arbre binaire selon la hauteur du retrait ou dépôt de chaque client. Cet arbre pondéré requiert la connaissance exacte de tous les montants postérieurement demandés en retrait ou en dépôt. Ce qui n'est pas ce que l'on cherche. A priori, nous ne connaissons pas ces montants. De plus, cette pondération augmente exponentiellement le nombre de combinaisons possibles. Cela complexifie drastiquement notre problème.

A titre d'exemple, si chaque client en retrait, retire trois fois plus que chaque client en dépôt, le nombre de combinaison diminue bien plus, puisqu'il faut à chaque retrait « attendre » trois clients en dépôt pour pouvoir autoriser de nouveau un retrait. De la même manière que précédemment, voici le schéma de cette configuration :

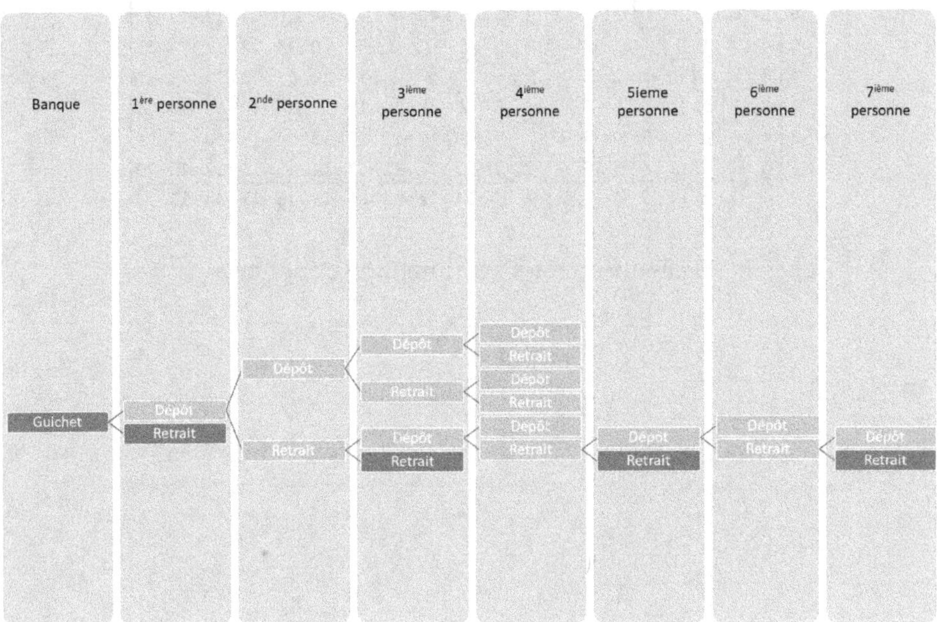

On observe nettement que très peu de retrait sont possibles, à moins que beaucoup (trois fois plus) de dépôts ait été préalablement opérés. Cela restrient sévèrement le guichet. Mieux vaut donc prendre ses dispositions avant le début de la journée pour ne pas se laisser surprendre de cette manière dès les premières heures d'ouverture.

Voici dans un tableau le cas classique puis celui décrit ci-dessus :

20	19	18	17	16	15	14	13	12	11	10	9	8	7	6	5	4	3	2	1	0
19	18	17	16	15	14	13	12	11	10	9	8	7	6	5	4	3	2	1	0	-1
18	17	16	15	14	13	12	11	10	9	8	7	6	5	4	3	2	1	0	-1	-2
17	16	15	14	13	12	11	10	9	8	7	6	5	4	3	2	1	0	-1	-2	-3
16	15	14	13	12	11	10	9	8	7	6	5	4	3	2	1	0	-1	-2	-3	-4
15	14	13	12	11	10	9	8	7	6	5	4	3	2	1	0	-1	-2	-3	-4	-5
14	13	12	11	10	9	8	7	6	5	4	3	2	1	0	-1	-2	-3	-4	-5	-6
13	12	11	10	9	8	7	6	5	4	3	2	1	0	-1	-2	-3	-4	-5	-6	-7
12	11	10	9	8	7	6	5	4	3	2	1	0	-1	-2	-3	-4	-5	-6	-7	-8
11	10	9	8	7	6	5	4	3	2	1	0	-1	-2	-3	-4	-5	-6	-7	-8	-9
10	9	8	7	6	5	4	3	2	1	0	-1	-2	-3	-4	-5	-6	-7	-8	-9	-10
9	8	7	6	5	4	3	2	1	0	-1	-2	-3	-4	-5	-6	-7	-8	-9	-10	-11
8	7	6	5	4	3	2	1	0	-1	-2	-3	-4	-5	-6	-7	-8	-9	-10	-11	-12
7	6	5	4	3	2	1	0	-1	-2	-3	-4	-5	-6	-7	-8	-9	-10	-11	-12	-13
6	5	4	3	2	1	0	-1	-2	-3	-4	-5	-6	-7	-8	-9	-10	-11	-12	-13	-14
5	4	3	2	1	0	-1	-2	-3	-4	-5	-6	-7	-8	-9	-10	-11	-12	-13	-14	-15
4	3	2	1	0	-1	-2	-3	-4	-5	-6	-7	-8	-9	-10	-11	-12	-13	-14	-15	-16
3	2	1	0	-1	-2	-3	-4	-5	-6	-7	-8	-9	-10	-11	-12	-13	-14	-15	-16	-17
2	1	0	-1	-2	-3	-4	-5	-6	-7	-8	-9	-10	-11	-12	-13	-14	-15	-16	-17	-18
1	0	-1	-2	-3	-4	-5	-6	-7	-8	-9	-10	-11	-12	-13	-14	-15	-16	-17	-18	-19
0	-1	-2	-3	-4	-5	-6	-7	-8	-9	-10	-11	-12	-13	-14	-15	-16	-17	-18	-19	-20

Table 1 : 20 clients en retrait et autant en dépôt avec $s_r = s_d$.

Et :

	-3	-6	-9	-12	-15	-18	-21	-24	-27	-30	-33	-36	-39	-42	-45	-48	-51	-54	-57	-60
20	17	14	11	8	5	2	-1	-4	-7	-10	-13	-16	-19	-22	-25	-28	-31	-34	-37	-40
19	16	13	10	7	4	1	-2	-5	-8	-11	-14	-17	-20	-23	-26	-29	-32	-35	-38	-41
18	15	12	9	6	3	0	-3	-6	-9	-12	-15	-18	-21	-24	-27	-30	-33	-36	-39	-42
17	14	11	8	5	2	-1	-4	-7	-10	-13	-16	-19	-22	-25	-28	-31	-34	-37	-40	-43
16	13	10	7	4	1	-2	-5	-8	-11	-14	-17	-20	-23	-26	-29	-32	-35	-38	-41	-44
15	12	9	6	3	0	-3	-6	-9	-12	-15	-18	-21	-24	-27	-30	-33	-36	-39	-42	-45
14	11	8	5	2	-1	-4	-7	-10	-13	-16	-19	-22	-25	-28	-31	-34	-37	-40	-43	-46
13	10	7	4	1	-2	-5	-8	-11	-14	-17	-20	-23	-26	-29	-32	-35	-38	-41	-44	-47
12	9	6	3	0	-3	-6	-9	-12	-15	-18	-21	-24	-27	-30	-33	-36	-39	-42	-45	-48
11	8	5	2	-1	-4	-7	-10	-13	-16	-19	-22	-25	-28	-31	-34	-37	-40	-43	-46	-49
10	7	4	1	-2	-5	-8	-11	-14	-17	-20	-23	-26	-29	-32	-35	-38	-41	-44	-47	-50
9	6	3	0	-3	-6	-9	-12	-15	-18	-21	-24	-27	-30	-33	-36	-39	-42	-45	-48	-51
8	5	2	-1	-4	-7	-10	-13	-16	-19	-22	-25	-28	-31	-34	-37	-40	-43	-46	-49	-52
7	4	1	-2	-5	-8	-11	-14	-17	-20	-23	-26	-29	-32	-35	-38	-41	-44	-47	-50	-53
6	3	0	-3	-6	-9	-12	-15	-18	-21	-24	-27	-30	-33	-36	-39	-42	-45	-48	-51	-54
5	2	-1	-4	-7	-10	-13	-16	-19	-22	-25	-28	-31	-34	-37	-40	-43	-46	-49	-52	-55
4	1	-2	-5	-8	-11	-14	-17	-20	-23	-26	-29	-32	-35	-38	-41	-44	-47	-50	-53	-56
3	0	-3	-6	-9	-12	-15	-18	-21	-24	-27	-30	-33	-36	-39	-42	-45	-48	-51	-54	-57
2	-1	-4	-7	-10	-13	-16	-19	-22	-25	-28	-31	-34	-37	-40	-43	-46	-49	-52	-55	-58
1	-2	-5	-8	-11	-14	-17	-20	-23	-26	-29	-30	-35	-38	-41	-44	-47	-50	-53	-56	-59

Table 2 : 60 clients en retrait et 20 en dépôt avec $s_r = 3s_d$.

Dans la table 1, la diagonale est à l'équilibre. Dès qu'on passe en dessous, le guichet est négatif. Il ne peut plus honorer ses clients. Il y a eu trop de retraits par rapport aux dépôts. En revanche, dès qu'on passe au-dessus de cette diagonale d'équilibre (guichet à valeur nulle), le guichet a suffisamment de liquidité pour verser les demandes de retraits.

Dans la table 2, avec trois fois plus de retraits que de dépôts, c'est-à-dire soit trois fois plus de clients en retrait qu'en dépôt dans la queue, ou autant de clients en retrait qu'en dépôt mais avec une demande de retrait pour chaque client trois fois plus grande que celle des demandes en dépôt, alors l'équilibre du guichet est beaucoup moins sûr. Le guichet est rapidement à court d'argent. La diagonale (rouge) est beaucoup plus raide et le nombre de combinaisons possibles se restreint énormément. Mieux vaut donc prévoir cela en renflouant le guichet en début de journée. Tout cela montre qu'une configuration peut évoluer très rapidement est déséquilibrer la solvabilité du guichet vis-à-vis de tous ses clients.

Ces deux tables représentent toutes les combinaisons possibles de l'ordre des clients dans la queue selon qu'elles soient en demande de retrait ou dépôt. Pour calculer ces combinaisons, il faut faire alors appel aux calculs de chemins de treillis (lattice path en anglais). On utilise le plus souvent les chemins de Dick (Dick path) qui permettent de formuler le nombre de combinaisons au-dessus de la diagonale selon le rapport entre la somme moyenne en retrait et celle en dépôt. Cette diagonale moyenne fixe le nombre de combinaisons possibles.

Mais pour certains angles de diagonale, on ne sait pas calculer précisément ce nombre de combinaisons. C'est pourquoi nous ne le ferons pas ici puisque nous recherchons une formulation exacte.

En pratique, on peut alors se baser sur un montant de référence des semaines précédentes par exemple. Mais nous ne maitriserons pas l'ordre de passage des clients qui peuvent être déséquilibré en termes de dépôt et de retrait. Une solution consiste à ouvrir deux guichets. L'un pour les dépôts et l'autre pour les retraits. Et permettre ensuite au guichet des retrait de piocher dans celui des dépôts. S'il n'y a plus d'argent en caisse, alors il suffit de patienter que des clients en dépôts se présentent pour honorer les demandes en attente de retrait.

Enfin, voici une représentation visuelle de cette équation pour mieux comprendre comment ce nombre de combinaisons évolue :

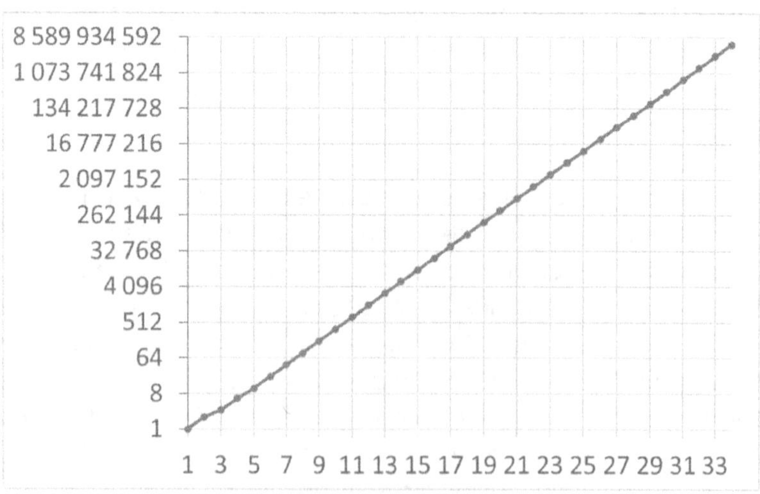

En échelle logarithmique, on a bien une progression de la forme linéaire suivante :

$$\ln\left(\frac{2^{n+1} + 3 + (-1)^n}{6}\right) \approx n\ln(2) - \ln(3) + \frac{3}{2^{n+1}}$$

Il s'agit ainsi d'une courbe exponentielle qui évolue très vite. Plus il y a d'individu dans la queue, plus le nombre de combinaison de demande de retrait ou dépôt augmente exponentiellement.

6. Pistes et prochaines étapes

Que se passe-t-il lorsque le nombre de personnes dans la queue n'est pas à priori connue ? Ainsi que le nombre de personnes dans cette queue qui souhaitent faire un dépôt et/ou un retrait de somme différents les unes avec les autres ? Quelles est alors la somme minimum en caisse à détenir en début de journée pour à la fois éviter un manque de trésorerie tout en ayant une trésorerie minimale ? Toutes ces questions, qui ne sont pas étudiées ici, sont autant d'interrogations que de problèmes mathématiques combinatoires fascinants.

A ce jour, il n'existe pas de réponses précises à ces questions. Il s'agit pourtant de situations courantes qui demandent des réponses. On y associe donc des bornes supérieures calculables qui permettent de résoudre en partie ces questions. Cela permet de faire fonctionner un guichet dans la majeure partie des cas mais sans être à l'abri d'un manque de trésorerie du guichet. Ce type de solution est toutefois acceptable pour la recherche d'état optimal acceptable même si beaucoup d'inconnues restent à identifier.

De manière simple, on ne peut pas anticiper la hauteur de l'offre (les dépôts) et de la demande (les retraits) avant qu'il arrivent. Alimenter le guichet demande alors une certaine expérience de terrain plus que des mathématiques. Mais savoir combien de clients on pourra servir à minima dans la matinée sans être trop vite à court de liquidité reste un indicateur utile que nos calculs permettent de déterminer.

7. Référence

Ce problème a été proposé dans l'une des vidéos en ligne suivante :

www.youtube.com/watch?v=Pz86kiOz904

DEPOTS ET RETRAITS AU GUICHET

Page 21 sur 24

DEPOTS ET RETRAITS AU GUICHET

Page 24 sur 24

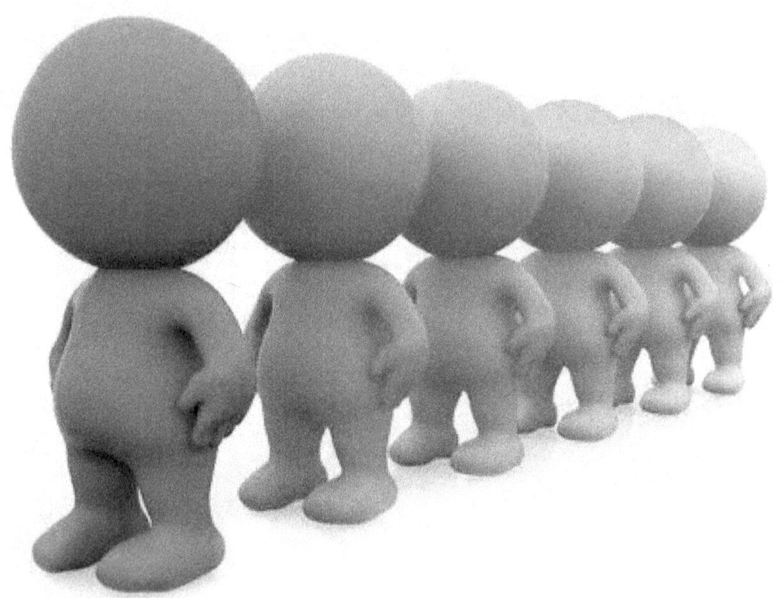

www.ingramcontent.com/pod-product-compliance
Lightning Source LLC
Chambersburg PA
CBHW071230140726
47996CB00004B/1548